百角文库

好大的地球

郑平

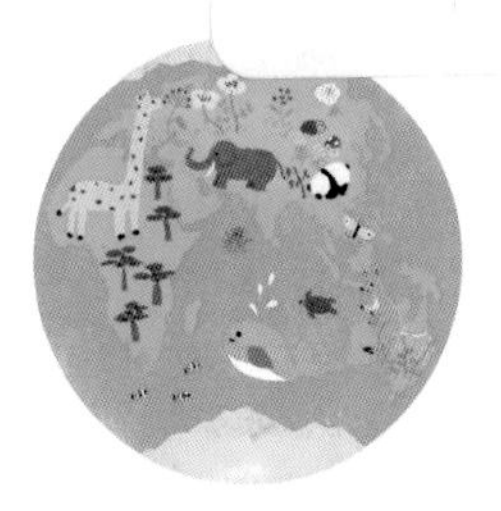

中国少年儿童新闻出版总社
中国少年兒童出版社

北　京

图书在版编目（CIP）数据

好大的地球 / 郑平编著 . -- 北京 : 中国少年儿童出版社 , 2024.1（2024.7重印）
（百角文库）
ISBN 978-7-5148-8396-1

Ⅰ . ①好… Ⅱ . ①郑… Ⅲ . ①地球 – 青少年读物 Ⅳ . ① P183-49

中国国家版本馆 CIP 数据核字 (2023) 第 238372 号

HAODA DE DIQIU
（百角文库）

出 版 发 行：中国少年儿童新闻出版总社
中国少年兒童出版社

执行出版人：马兴民

丛书策划：马兴民　缪　惟　　美术编辑：徐经纬
丛书统筹：何强伟　李　橦　　装帧设计：徐经纬
责任编辑：邹维娜　　标识设计：曹　凝
责任校对：杨　雪　　封 面 图：赵墨染
责任印务：厉　静　　插　　图：赵野木

社　　址：北京市朝阳区建国门外大街丙 12 号　　邮政编码：100022
编 辑 部：010–57526333　　总 编 室：010–57526070
发 行 部：010–57526568　　官方网址：www. ccppg. cn

印刷：河北宝昌佳彩印刷有限公司

开本：787mm × 1130mm　1/32　　印张：3
版次：2024 年 1 月第 1 版　　印次：2024 年 7 月第 2 次印刷
字数：30 千字　　印数：5001–11000 册

ISBN 978-7-5148-8396-1　　定价：12.00 元

图书出版质量投诉电话：010–57526069　　电子邮箱：cbzlts@ccppg.com.cn

序

提供高品质的读物，服务中国少年儿童健康成长，始终是中国少年儿童出版社牢牢坚守的初心使命。当前，少年儿童的阅读环境和条件发生了重大变化。新中国成立以来，很长一个时期所存在的少年儿童“没书看”“有钱买不到书”的矛盾已经彻底解决，作为出版的重要细分领域，少儿出版的种类、数量、质量得到了极大提升，每年以万计数的出版物令人目不暇接。中少人一直在思考，如何帮助少年儿童解决有限课外阅读时间里的选择烦恼？能否打造出一套对少年儿童健康成长具有基础性价值的书系？基于此，“百角文库”应运而生。

多角度，是“百角文库”的基本定位。习近平总书记在北京育英学校考察时指出，教育的根本任务是立德树人，培养德智体美劳全面发展的社会主义建设者和接班人，并强调，学生的理想信念、道德品质、知识智力、身体和心理素质等各方面的培养缺一不可。这套丛书从100种起步，涵盖文学、科普、历史、人文等内容，涉及少年儿童健康成长的全部关键领域。面向未来，这个书系还是开放的，将根据读者需求不断丰富完善内容结构。在文本的选择上，我们充分挖掘社内“沉睡的”“高品质的”“经过读者检验的”出版资源，保证权威性、准确性，力争高水平的出版呈现。

通识读本，是“百角文库”的主打方向。相对前沿领域，一些应知应会知识，以及建立在这个基础上的基本素养，在少年儿童成长的过程中仍然具有不可或缺的价值。这套丛书根据少年儿童的阅读习惯、认知特点、接受方式等，通俗化地讲述相关知识，不以培养“小专家”“小行家”为出版追求，而是把激发少年儿童的兴趣、养成正确的思考方法作为重要目标。《畅游数学花园》《有趣的动物语言》《好大的地球》《看得懂的宇宙》……从这些图书的名字中，我们可以直接感受到这套丛书的表达主旨。我想，无论是做人、做事、做学问，这套书都会为少年儿童的成长打下坚实的底色。

中少人还有一个梦——让中国大地上每个少年儿童都能读得上、读得起优质的图书。所以，在当前激烈的市场环境下，我们依然坚持低价位。

衷心祝愿“百角文库”得到少年儿童的喜爱，成为案头必备书，也热切期盼将来会有越来越多的人说“我是读着‘百角文库’长大的”。

是为序。

马兴民

2023 年 12 月

目　录

1　好大的地球

7　4600“岁”——地球的年龄

12　给地球照个全身像

18　一张看不见的“网”

23　移山倒海的力

28　大海诞生的地方

33　立体的气候

39　冰的河流

45　花岗岩和我国名山

51　碧水赤峰话丹霞

55　从一个简单的实验讲起

60　不断变动的海岸线

67　大自然的旋律

73　植物“侦察员”

79　在土壤世界里

85　一个简单的生态系统

好大的地球

讲台上放着一个普普通通的地球仪。银色的电镀弧形支架在灯下闪闪发光。支架上，那个正球形的“地球”表面涂着各种颜色。蓝色的是海洋，其他颜色则用来区分地球上的国家或地区。另外，球上还画满了各种颜色的线条和符号。蓝色的曲线是河流，黑色的实线或虚线表示国界或地区界，红色

地球仪

圆圈代表着首都或首府……

“同学们，放在你们面前的就是大家居住的‘地球’，不过它是缩小之后的地球模型。比例尺是 1 ∶ 40000000。也就是说，这个‘地球’上的 1 厘米，相当于地面实际距离 400 千米。”

地理老师说完，扫视了教室一周，最后将目光落在前排一位男学生身上。

“我这里有一卷皮尺，你能用它量出地球的周长和半径吗？”

这个刚上初中一年级的男孩子，熟练地运用测量知识和计算方法，很快就得出了答案。

“老师，地球圆周长是 40000 千米；地球的半径是 6400 千米。”

听了孩子的回答，老师满意地点了点头。

她和蔼地说：“量得不错。不过，如果按

照科学家精确的测量，地球的周长比 40000 千米还多一点儿，地球的半径比 6400 千米略少一些。我们用这样简单的测量方法，当然不能量得那么准确。”

教师在黑板上迅速地写出下面的数据——

地球半径：

平均半径为 6371.11 千米，极半径为 6356.863 千米，赤道半径为 6378.14 千米。

地球经线周长：40008.548 千米。

地球赤道周长：40075.02 千米。

地球表面积：5.1 亿平方千米。

地球体积：1.083×10^{12} 立方千米。

地球质量：5.976×10^{24} 千克。

“我写出这些数字并不是要你们都记住，能记住大概的约数就够了。主要目的是让你们得到一个概念：地球是一个相当大的球体。”

为什么在学习地理的时候，首先要了解地球是个相当大的球体呢？

因为，只有弄清了地球的大小以后，才能正确地认识地球上各种地理现象的规模。

比方说，一块大陆有多大，一个国家有多大，光背诵那些枯燥的数字，不但很难记牢，而且无法形成明确的认识。可是，如果说，亚洲面积是4400多万平方千米，约占地球表面积的9%；我国国土面积约960万平方千米，约占地球表面积的2%，就比较容易记忆了。

又比如，一些地理现象会释放出十分巨大的能量。一次中等水平的地震——五级地震，释放的能量相当于两万吨黄色炸药的爆炸力。地震每升一级，释放的能量大约增加30倍。那么，八级地震释放的能量就大到简直无法比拟的地步了。

为什么地震能释放这么巨大的能量呢？这是由于地球自身的质量太大了。地球质量大约等于 6 后面加上 21 个 0 那么多吨。这样重的东西，它的微小变化就会释放出巨大的能量。

喜马拉雅山脉是世界上最高的山脉。全世界 400 多座海拔 7000 米以上的高峰，这里就有 200 多座。其中珠穆朗玛峰海拔高度为 8848.86 米，是世界第一高峰。

马里亚纳海沟是世界最深的海沟，大部分深度超过 8000 米。其中“挑战者深渊”的深度约为 11000 米，是海洋里最深的地方。

可是，这个最大高度和这个最大深度如果与地球半径相比，就显得非常非常小，还不到地球半径的 1/700 和 1/600。

如果把这个高（深）度与广阔的地球表面积相比，更显得渺小，充其量不过像是一块麦田里的几条低矮土埂和垄沟而已！

到目前为止，地球上有80多亿居民，包括不同肤色、不同语言的几千个民族，200多个国家和地区，分布在地球的各个角落。地球就是我们人类的家。它不但给人类生活提供足够的空间，也给人类提供了丰富的资源，人类社会一刻也离不开地球。

当然，地球大也有大的问题。比方说，它给人类认识地球带来许多不便。就连“地球是个球体”这样一个现在看来最普通的问题，也只是到了最近几百年才被人类所认识。正因为地球太大了，所以直到现在地球上还有好多科学问题仍然在等待着人类去解答。

4600“岁”——地球的年龄

“地球的年龄只有4600岁？”你们看了这个标题一定感到奇怪。

不错，地球确实只有4600岁。不过，这4600岁中的“岁”不是一年，而是100万年。这就是说，地球的历史有46亿年了。

为什么要把“100万年”当作1“岁”呢？其实这也没有一个绝对的规定。因为地球的年龄太大了，为了方便，在地质学、古生物学等领域中，常常用“百万年（Ma）”为单位来计算地球的年龄。

比如，距我们最近的地质年代——第四纪，约开始于258万年前，就用2.58Ma表示；而距离我们很遥远的成铁纪，约开始于25亿年前，合“2500岁”（2500Ma）。

46亿年有多久呢？为了便于理解，我们可以举两个例子来具体地比较一下。

首先拿中华文明的历史和地球的历史来比较。

中华文明大约有5000年的悠久历史。这5000年，从远古的传说时代开始，经历了夏、商、西周、春秋战国、秦、汉、魏晋南北朝、隋、唐、五代十国、宋、元、明、清10多个历史时期，每个时期往往持续了好几百年的时间，发生过许许多多重大的历史事件。

可是，中华文明的历史和地球的历史相比

还是太短了，它只占地球历史的 1/1000000。

我们再拿人类的历史和地球的历史来比较。

人类的历史也是很漫长的。从最早的猿人出现算起，大约有两三百万年的时间，在这段漫长的时间里，猿人逐渐进化成智人，最后演化成现代人类。

人类的出现在地球发展历史上是一件极其重要的事件。随着人类社会的发展，地球面貌发生越来越大的变化。

可是，这两三百万年也只占地球历史的 1/2000 左右。

地球的历史到底有多久，现在，我们的头脑里可能有些概念了吧！那么这 46 亿年对于地球的发展有什么意义呢？

任何事物在它发展过程中都离不开时间。没有足够的时间，事物就不能发展。这既是个哲学问题，也是个非常具体的实际问题。

比如，科学工作者们测定，喜马拉雅山正以每年 1 厘米左右的速度缓慢上升。1 厘米是一个很小很小的高度。如果把这 1 厘米的高度平均分配到一年里的每一天，那么每天上升的高度大约只有 0.003 厘米。可是，如果把这个速度放进地质历史的长河中，得出的数字准会叫你吃惊！

如果按照平均每年上升 1 厘米的速度计算，100 年可以上升 1 米，1 万年可以上升 100 米，100 万年就可以上升 10000 米！

喜马拉雅山已经形成几千万年了。当然它不是一直都在升高，上升的速度也不总是这样快，而且地面上的山体还会受到风雨、流水和冰川的侵蚀，否则喜马拉雅山真不知该长到多高了！

这个例子告诉我们，地球上的大陆、海洋、高山、高原、盆地、河流、湖泊、冰川、沙漠……没有一样不是在漫长的地质历史中形成的。

同样，正因为有了足够长的时间，地球上的生命才能从简单的单细胞生物，发展到如今人类已知的上千万种生物。也正是因为有了足够的时间，才有了地球上包罗万象、美不胜收的今天。

给地球照个全身像

我们可以举出许多例证，证明地球是个圆球：

发生月食的时候，月亮上出现的黑色圆影，就是地球的轮廓。

人们站在岸上观看驶进港口的船只，总是先看到船桅，然后才慢慢地看到船身，说明地球表面原来就是一个球面。

几百年前麦哲伦环绕地球一周的航行，令人信服地证实了地球是个球体的学说。

但是，地球终究太大了，上述办法都不能使人们用肉眼直接看到地球的外形。因为在那个时代，人类还没有办法离开自己所居住的地球，从地球之外的地方看看地球的外形。这叫作“不识庐山真面目，只缘身在此山中”。

最近几十年，科学技术飞速发展，人类已经可以把人造地球卫星和载人的宇宙飞船发射到几百千米的高空，甚至更遥远的太空中。

当宇航员第一次从太空中看到自己的“家”时，真是兴奋极了，通过飞船上的相机，宇航员拍下了珍贵的地球全身像。

在宇航员视野里出现了什么呢？

他们确确实实看到一个巨大的球体。虽然严格地说，这个球体有点儿扁。但是这些细微的差别毕竟太小了，宇航员的肉眼是看不出来的。在他们眼中，地球仍然是个正球体。

那些高山、盆地会不会影响地球形状呢？也不会。我们前面已经说过，几千米的高度在这样大的球体上根本无法被宇航员们觉察出来。

宇航员还看到，整个地球被一层浓厚的大气包围着。天空中飘浮着的云层可以证明大气的存在。有时，大气中的云层范围很大，景象十分壮观。比如，如果宇航员的相机正好对准一次热带气旋，那么飘浮在空中的云层将形成一个庞大的“螺旋”，风圈直径可以达到几百千米。

宇航员可以看到碧波万顷的海洋和各个大陆的轮廓。地球也被叫作“水球”，因为海洋的面积约占地球表面积的70%，当宇航员从太空中回望地球时，会发现地球基本上被彼此相连的海洋包围着，而那些大陆看起来不过是漂浮在海洋中的岛屿。

人们还设计出专门用来观测地球的人造卫星。卫星里安装着先进的科学设备，可以在几百千米的高空，不停地对地球进行拍照。同时还能把这些照片变成数字信号传给地面接收站，最后又还原成一张张地球的照片。

这种照片拍摄的范围都很大。例如，在1000千米左右的高度，人造卫星拍摄的地球表面可达三四万平方千米。人造卫星绕地球运行一周快时大概需要90分钟，卫星的拍照速度也非常快，平均3—7天就能把整个地球拍个遍。

也许，你会以为这些人造卫星的照相机，比不上宇宙飞船上宇航员的眼睛。其实不然。这些新型的照相设备不但比人的肉眼有更高的分辨力，而且能透过云层或在漆黑的夜晚拍下清晰的地面照片。

就这样，人类靠着自己的智慧和先进的设备，对地球进行着更广泛、更深入的研究。

比如，上面提到过的热带气旋，有了卫星的帮助，人类可以在它刚刚形成的时候就发现它，并且能够对它的移动速度、移动方向做出准确的预报。

长期以来，对于地球上一些自然条件极端恶劣的地区，诸如浩瀚的海洋、广阔的沙漠和难以攀登的高山，人们对它们内部的情况了解得很少。今天，有了人造地球卫星的帮助，情况就截然不同了。

例如我国的青藏高原，尽管最近这 100 多年来，有不少探险队进入这个地区，但始终没有弄清那里有多少湖泊。有的湖泊即使被发现了，也不能很准确地被定位。现在，科学家们利用卫星拍下来的照片，轻而易举地找到了青藏高原上的上千个湖泊，并且把它们精确地画在了地图上。卫星照片还可以帮助人们寻找矿藏和地下水源，分析农业生产情况。在军事上，它的作用就更大了。现在，随着卫星的种类越来越多，人类探索的领域也越来越广。

一张看不见的“网”

地球不但个头大，而且似乎没边儿没沿儿，到处都是浑圆浑圆的球面。这就给表示地球上某个地点的具体位置造成了很大困难。

比如，如果我问：“我国的上海市在地球的什么地方？”

你们可能回答：“上海在亚洲的东南部，太平洋西岸，长江入海口的南边。”

尽管你们回答得这么详细，却仍然不够精确。亚洲东南部有那么大，太平洋西岸有那么长，长江口南边又有那么多的城镇，怎么能知道上海的准确位置呢?

何况，地球上许多地点附近并没有明显的参照物，根本不能用在什么河流、什么山脉、什么大海附近的表述，把它定位出来。

无论是在茫茫大海中航行的远洋船，还是在辽阔天空中飞行的飞机，它们都要随时确定自己的准确位置，进而确定自己的航行方向。这时候，怎么能用一种很精确的方法来表示它们的位置呢？就像一座城市不论有多大，不论有多少住户，邮递员总能找到各家各户的准确地址。那是因为人们先把城市分成了若干区、若干街道，再给每户编上门牌号码，所以当你寻找某位住户，只要知道区域名称、街巷名称和门牌号码，都能很快地找到。

科学家们也利用类似上面的方法，设计出

了一套既科学又行之有效的工具，来确定地球上某个地点的位置。这就是地球的经纬网。

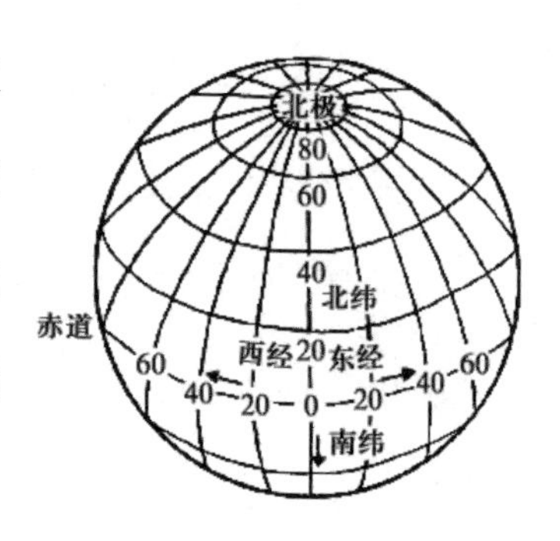

经纬网示意图

经纬网是由一条条基本上互相垂直的经线和纬线构成的。其实，这些线条并不是谁真的在地面上画出来的，而是科学家们通过计算，在地球仪上或者在地图上标出的假想线。

在地球仪上连接南极点、北极点的南北方向的弧线，是个半圆，叫经线，也叫子午线。所有的经线长度都相等。国际上规定，把通过英国伦敦格林尼治天文台旧址的那条经线叫作本初子午线，即0° 经线，往东、往西各分成180 份，每一根经线都有其对应的数值。

在地球仪上与两极点等距离并与地轴垂直的大圆叫赤道，与赤道平行的线叫纬线，都自成圆圈，东西走向。赤道是最长的纬线圈，长约 40000 千米，被定为 0° 纬线，自赤道向南、向北各等分 90 份，每份为 1°。从赤道到两极，纬线圈越来越小，到南、北极点就成为一个点。

经度、纬度的基本单位是度（°），在六十进制下，还有两个更小的单位——分和秒。

这样，整个地球就被这张密密麻麻的网严格地分割开来，地球上的任何一个点，都可以用精确的经纬度值表示出来。

比如，如果只看大致的位置，莫斯科在北纬 55°，东经 37°；巴黎在北纬 48°，东经 2°；东京在北纬 35°，东经 139°；纽约在北纬 40°，西经 74°；开罗在北纬 30°，东经 31°；墨尔本在南纬 38°，东经 145°；布宜诺斯艾利斯在南纬 34°，西经 58°，等等，都可以用两组简单的数字表示出它们各自在地球上的位置。

除了标示位置，地球上的经纬网还有更广泛的用途。

有了经纬网的帮助，人们可以很方便地计算不同经度地区的时差；全世界统一标准的地图，也可以利用经纬网测量和绘制出来。

总之，经纬网是一种非常有用的工具，为地球上的航海、航空、地理研究等活动提供了可靠的依据。

移山倒海的力

大多数湖泊是江河“歇脚”的地方，而大海则是江河“集合”的场所。河水中挟带着的大量泥沙、石子，就这样在湖泊或者大海中沉积下来，形成厚厚的沉积层。

时间慢慢地过去，在一定的温度和压力条件下，经过成岩作用，松散的沉积层又渐渐变成坚硬的岩石。地球上的石灰岩、砂岩、砾岩、页岩等，就是原本松散的沉积物，经过漫长的地质历史，逐渐固结而成的。这种岩石叫沉积岩。

你们想想看，这些湖海下面的沉积层应该是水平的，还是倾斜的？

你们一定会回答："水平的。"

这样回答是有道理的，因为沉积层本来就是一层一层水平沉积下来的。但是，实际上在地球上却很难找到真正水平的岩层，许多沉积岩层都是倾斜的层状构造，有时，一整座几百米高的高山，它的地层都是斜躺着的。这种山地，朝着地层倾斜方向的一侧，山坡往往比较平缓；而山的另一面，则是陡峭的断崖。这种山，在地理学中被称作单面山。

如果你们到山区旅行，还会看到更为奇怪的现象。一堵高大的石壁在你面前排空直立。仔细一看，石壁里的地层好像是柔软的面团，被揉搓成弯弯曲曲的形状。

有时还能看到与地面完全垂直的岩层。在多年风雨侵蚀下，岩层与岩层之间互相裂开，直立在地上，像一道巨大的“石栅栏”。

本来是水平的岩层怎么会变成这样？究竟是什么力量，能把庞大的山体掀翻，能把坚硬的岩石揉得弯弯曲曲呢？

原来，这是孕育于地壳内部的构造力在不停地起作用。这种地球内部能量所引起的地质作用，也叫内动力地质作用，主要有地壳运动、岩浆作用和变质作用等。地壳的水平运动和垂直运动会造成地壳的隆起、凹陷、褶皱、断裂等，岩浆喷出地表或侵入周围的岩层后形成岩石，这些活动都能改变岩层的形状。

请看后文的三幅示意图：

第一幅，是没有受到构造力作用的水平地层；第二幅，是在构造力作用下，水平地层开始产生弯曲和变形；第三幅，是在构造力进一步作用下，地层不但发生大幅度的弯曲，而且产生了断裂。在这种情况下，地层可能会变成直立的，甚至完全翻转过来。

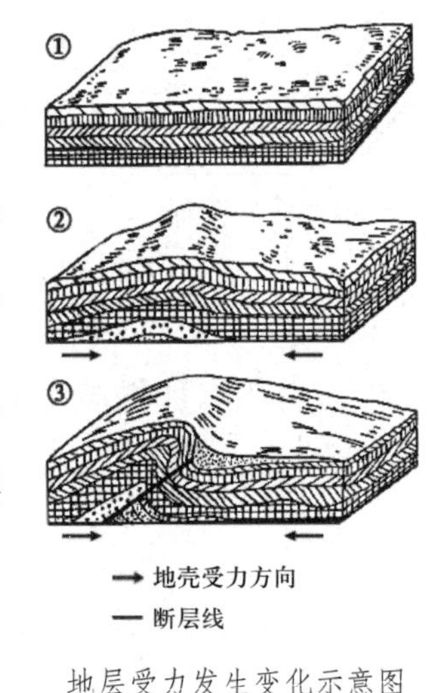

地层受力发生变化示意图

看了这三幅示意图，你们就会明白：地层的各种变形原来都是地壳构造力造成的。

地壳运动有时是相当激烈的。在几十亿年的漫长地质时期内，科学家们已经找出好几个这样的地壳激烈变动的阶段，地质学上称作“造山运动”。

就拿发生在1亿多年前的一次造山运动

（地质学上称作“燕山运动”）来说，其激烈程度就十分可观。本来深深的海洋，经过这次造山运动，变成了雄伟的高山。伴随着强烈的地壳运动，一系列的火山爆发，在地表留下大面积的火山岩。我国地势起伏的大体轮廓，就是在燕山运动中初步确定的。

当然，大部分时候，地壳运动都是悄无声息地以较小的幅度进行的。现在，科学家们已经确认，地球上几乎所有地壳都在不停地，然而却是极为缓慢地运动着。它们之间有的彼此分离开来，有的互相挤在一起，有的上升为山，有的下降为谷。这种地壳的缓慢运动，只有通过详细的调查研究才能做出判断。

大海诞生的地方

东非大裂谷，南起印度洋西岸的莫桑比克，向北经马拉维、坦桑尼亚、刚果（金）、肯尼亚、乌干达。大裂谷分东西两支，东支为主裂谷，从埃塞俄比亚的阿法尔地区延伸至亚丁湾，再经红海，往北一直到西亚的死海一带，全长6000余千米。在宽度几十千米至上百千米的谷地两侧，陡崖壁立，高出谷底一两千米。裂谷带地壳运动活跃，火山众多，顺裂谷带分布着一连串狭长幽深的湖泊。在整个地球陆地上，再也找不到东非大裂谷这样的构造线，所以有人把它称作“大地上最大的伤疤”，是地球上数一数二的自然奇观。

地面上怎么会出现这么长一个大裂谷呢？现代地球科学中有一种“板块学说”。持这种观点的科学家认为，地球的岩石圈分为若干巨大的板块。东非大裂谷位于非洲板块和印度洋板块交界处，由于两个板块拉伸，地壳下面的地幔上涌，使地壳变薄并向两侧裂开。随着裂谷的扩展，这里或将出现新的海洋。东非大裂谷确实在不断地扩张，

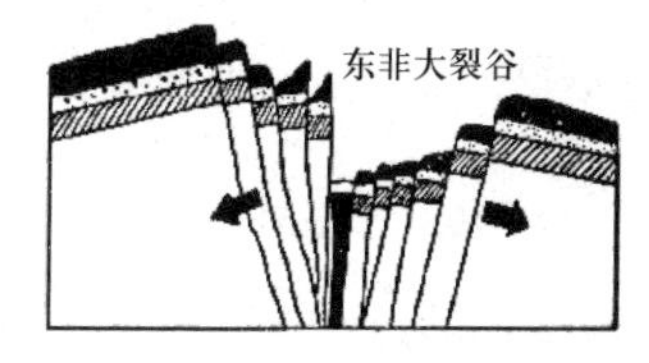

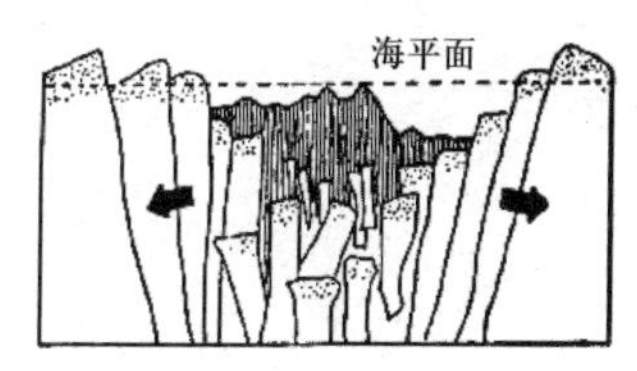

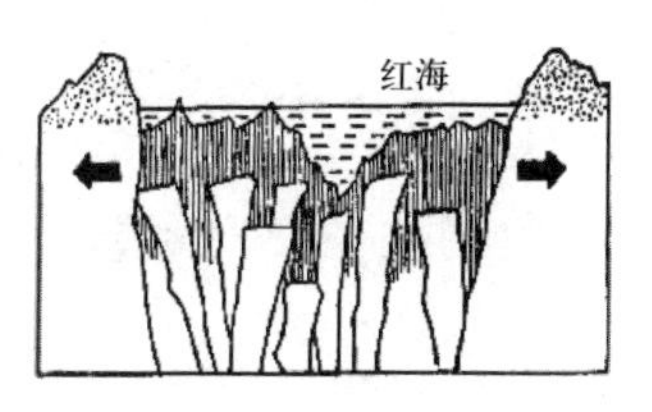

红海形成过程示意图

根据科学家们的观测，东非大裂谷每年仍在以几毫米至几十毫米的速度向外扩展。

东非大裂谷北段的红海，是被非洲大陆与阿拉伯半岛南北夹峙着的狭长内海。它的南北两侧海岸线几乎可以完全拼合起来，说明在几千万年前的地质时代里，红海两岸是连在一起的，后来因为地壳的张裂、扩展，逐渐变成了海。

有科学家认为，世界的大洋可以按照它们的发生、发展过程分成若干阶段。即所谓的胚胎期、幼年期、成年期、衰退期、终结期和遗痕期等。

东非大裂谷虽然已经存在了3000多万年，但是，至今尚未形成真正的海洋，只是在地面上留下一连串的谷地和湖泊。在世界大洋的发育过程中只能属于孕育海洋的胚胎期。

红海虽然已经形成海洋，但是它的发育还很不完善，南端的曼德海峡又窄又浅，只能算是幼年期。

浩瀚的大西洋正处在朝气蓬勃、风华正茂的成年期。由于大西洋正不断地向两侧拉开，使得欧洲、非洲与南、北美洲之间的距离还在不断扩大。

太平洋虽然是地球上面积最大的大洋，但在发展阶段中却处在衰退期。科学家们发现，太平洋不像大西洋那样正在“快速”地扩张，而是处于收缩状态，四周的大陆正在吞噬着它的身躯。

处在欧洲、非洲和亚洲大陆之间的地中海正处于遗痕期。它也有过繁荣时期。1亿多年前，它的前身古地中海的范围向东曾到达中亚和喜马拉雅山一线。可是，今天的地中海只是一个几乎完全被陆地包围起来的陆间海。在原来古地中海所在的区域内，有的地方隆起成巍峨的高山，有的地方留下一片低洼的盆地或者湖泊。科学家们已经找到足够的证据，证明如今的里海、咸海原先就是古地中海的一部分。他们还预告，终有一天地中海会在地球上完全消失！

你们瞧，地球上的海洋竟和一切事物一样，也有它自己的诞生、成长、消亡的过程。

立体的气候

你们知道地球上的“第三极”吗？也许你们会想，地球上只有南极、北极，怎么又出来个“第三极”呢？其实这个“第三极”就是位于中国和尼泊尔边界上的珠穆朗玛峰。它不仅是世界最高峰，还和南极、北极有着共同的特点——寒冷。

珠穆朗玛峰海拔 8848.86 米，虽然地处接近热带的北纬 28° 附近，山顶上却终年狂风不息、极度严寒，即使在最热的 7 月，最高气温也在零下十几摄氏度，因此被人们称作地球的“第三极”。

如果从尼泊尔境内的珠峰南坡向峰顶攀登，随着海拔高度的增加，我们可以在几千米的距离内，看到五六种完全不同的气候和自然景象。

在海拔2000米以下的山间河谷中，是一片亚热带、热带风光。这里气温高，降雨量也大，山岳间常常云雾弥漫，山坡上常绿阔叶林郁郁葱葱。一幢幢石砌的房舍和庙宇掩映在青翠山林之间。这里生长着香蕉等热带果树，农作物主要是水稻。

当海拔超过2000米以后，自然景象立刻发生变化。常绿阔叶林迅速减少，取而代之的是针阔叶混交林，高大的铁杉树和圆形树冠的栎树是这里的主要树木。农作物方面，水稻渐渐少了，而玉米、小麦却渐渐多了起来。这里的气候比起山脚要冷多了，但小麦照样能够过冬。种的水果以苹果、梨为主。

再向上攀登，海拔达到3000米时，山坡上长起了以冷杉为主的针叶林。冷杉是一种高大整齐的树木，外观呈暗绿色，构成一片片莽莽苍苍的林海。

这里的气温已经不允许小麦过冬了。只能在背风向阳的山坡上种植耐寒的青稞和少数蔬菜、饲料作物。

海拔4000多米的高山地段是高山苔原和高山草甸分布区。这里基本上没有居民，没有农作物，也没有高大树木，只有矮小的灌木、草类和匍匐在地面上的地衣。高山上风大、寒冷，各种植物都有很强的抗风、耐寒本领。有的植物长得像一块圆形的坐垫，坐垫上的密密枝叶可以保持植物体内的温度和水分。许多高山植物有美丽的花冠，像毛茸茸的雪莲、紫色的龙胆，都是很漂亮的高山花卉。高山草甸和高山苔原还是山区牧民的优良牧场。

海拔5000米以上就是高山永久积雪区了。因为气温很低，降雪不能融化，便堆积起来，形成高山冰川。这里已经找不到绿色植物了，除了白皑皑的冰雪，就是裸露的石质山峰。这样的地方，只有勇敢的苍鹰才偶尔飞临。

在地球上，从赤道附近的低纬度地区到两极的高纬度地区，随着太阳辐射热量的减少，气候逐渐变冷，土壤、植物及自然景象也发生着相应的有规律的变化，这就是纬度地带性，是自然界的一条普遍性规律。从珠穆朗玛峰山脚到山顶，在几千米的距离内所经历的气候变化，多么像从赤道到南北两极所发生的地带变化呀！这种变化是随着海拔高度改变而产生的，所以叫作垂直地带性。这是自然环境随海拔高度递变的一条普遍规律。

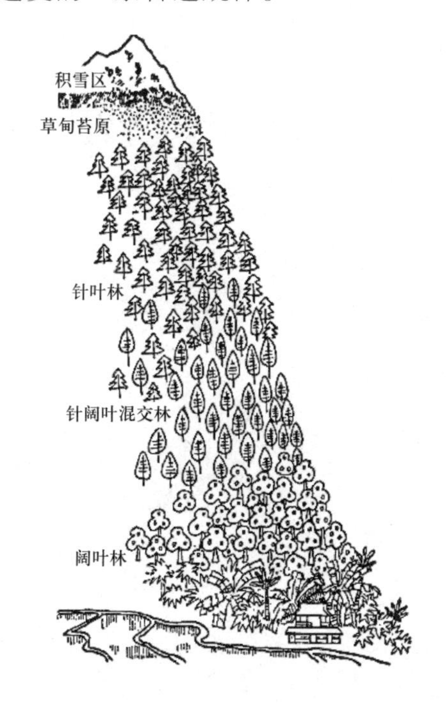

高山植被垂直分带示意图

但是，我们应该了解，并不是任何地区、任何一座山都会出现气候的垂直变化，这种垂直气候带的出现是有一定条件的：

第一，山地要有足够的高度。否则，山地高度不足以引起气温的显著变化，就看不到明显的地带性。

第二，垂直植被带的多少与当地气候有关。如果在热带，山地又很高，我们可以看到从热带到寒带的植被带；而在极地，因为平地上就终年冰封雪盖，当然也就不会有什么垂直地带性变化了。

冰的河流

我们都见过冰，可是如果有人问什么是冰川，恐怕我们不一定能回答得出来。

简单地说，冰川就是冰的河流。在这种河流中，流动的不是水，而是坚硬的冰！

在世界上一些高大山脉的山巅，只要有常年的积雪，就有出现冰川的可能。像我国的天山、昆仑山、祁连山，我国西南边境上的喜马拉雅山，欧洲的阿尔卑斯山，南极大陆以及北极圈内的阿拉斯加州北部和格陵兰岛等地都有冰川分布。

在南极大陆、格陵兰岛等气候严寒地区，广大地面被冰川覆盖，成为一个盾形冰盖，被称为大陆冰川。在高山山谷中流动的冰川叫山岳冰川。我们这里主要讲一讲山岳冰川。

如果你乘坐飞机飞临这些山脉的上空，俯瞰冰川奇景，会看到一条条白色巨龙，充塞在巍巍山岭间，在阳光照射下，发出熠熠光辉，真是再壮丽不过了。

100 多年以前，生活在阿尔卑斯山中的人们还并不知道，他们家附近山谷里的冰竟在缓缓地移动。

阿尔卑斯山的雪线附近，生长着一种很漂亮的野玫瑰。当地人有一种风俗：小伙子向心爱的姑娘求爱时，要克服重重困难，勇敢地登上高山，采回玫瑰花献给姑娘，以表示自己的忠诚。

据说，19世纪初，有几个年轻小伙子去山上采花，却一直没有回来。原来，他们在登山途中被一次雪崩埋在雪里了。

不幸的消息给山下的村民带来很大痛苦。一位冰川研究者安慰他们说，大约再过40年，这些年轻人的尸体会在冰川的前端出现。

听了这位学者的话，村民们感到又生气又好笑。天底下哪有这种事！没想到43年以后，人们真的在冰川前端找到了这些不幸的年轻人。

冰川不但把这些尸体带下山来，而且由于冰下冷藏的缘故，尸体也没有腐坏。传闻，其中一个小伙子手里还紧握着一朵玫瑰花呢！

冰川流动不易被人发现是因为它流得很慢。冰川流动的速度受冰层厚度、地形坡度等因素影响。每条冰川流动的速度不一样，但都很慢，每天只流动几厘米，顶多也不过是几十米。我国珠穆朗玛峰北坡有一条 20 多千米长的绒布冰川，我国科学工作者曾在 1966 年到 1968 年间进行考察，结果测出其支流东绒布冰川最大年流速为 164 米，每天只流动约 0.4 米。

冰川是怎么形成的？固体的冰怎么会流动呢？海拔较高的低洼地常常是冰川的源头，科学家叫它们“粒雪盆”。从天空降下来和从山坡上滑下来的雪，先汇聚在粒雪盆里，经过一系列变化后，逐渐成为颗粒状的粒雪。粒雪紧密联结，相互挤压，加上表层融水向下渗透，使雪粒冻结起来，形成粒雪冰。时间一长，粒雪冰进一步受压，就变成了冰川冰。

冰川冰是降雪经过堆积、压实、结晶等作用后形成的，如果我们把冰川冰小心地切成薄片，再拿到显微镜下观察，就会看到在一颗颗冰晶之间的空隙，还能看到残存在微小气泡中的空气。

由于冰川下层具有可塑性，在有一定坡度的山谷里，在地球重力作用下，冰川会缓慢地沿着山谷向下移动。

冰川在山谷里的流动也和河流一样，中间流得快，两侧流得慢。如果在山谷的某条冰川上横插一排木桩，时间一长，就可以看到这排木桩中间几根向下游突出，原来的一条直线变得弯曲了。

冰川在流动遇到阻挡时也会发生弯曲，甚至会在群山之间蜿蜒而过。有的冰川表面会形成一道道年轮般的弧形纹理，十分壮观。

还会出现两条冰川汇流的情况。当一条支冰川流入主冰川时，两条冰川会被挤得弯弯曲曲，或者产生很高的凸起，有时一条冰川干脆爬到另一条冰川身上，让人家驮着走，冰川学家将这种汇合而成的山谷冰川称为“复式山谷冰川”。

冰川既然是流动的冰，当然也有源头、上游、下游。它的源头就是雪线以上的粒雪盆，而到了雪线附近，气温升高，冰川也就消融了。

花岗岩和我国名山

人们对花岗岩并不陌生，北京天安门广场中央的人民英雄纪念碑碑心就是一整块巨型花岗岩，是从山东省青岛市的浮山运来的。

浮山是崂山的余脉。民间流传一句话：“泰山虽云高，不及东海崂。”意思是说，闻名于世的五岳之首泰山，虽然要比崂山高出一头，但是它的风景却不如崂山。

崂山山势陡峭，俊秀挺拔，面临波涛滚滚的黄海，兼有山海之胜，是一处著名风景区。

崂山风光的雄奇俊秀和构成它山体的花岗岩是分不开的。

花岗岩山地往往峰峦奇秀，接天连云，巧石林立，雄伟险峻，相比其他岩石构成的山地有许多独特之处，常常是著名的旅游胜地。

在我国，除了崂山，安徽省的黄山、九华山，辽宁省的千山，陕西省的华山，天津市的盘山，浙江省的天目山，湖南省的衡山和广东省的罗浮山等风景名胜，也都是花岗岩山地。

花岗岩山地有什么特点呢？让我带你去到有着“天下第一奇山”之称的黄山做一次有趣的地理旅行，亲眼看一看吧。

当你乘车来到黄山南坡山脚下的温泉时，一抬头就可以看到崇楼绿树之后，有一道连峰拔地而起，显得格外险峻。这是紫石峰。

如果你走上观瀑楼，可以看到紫石峰背后

的玉屏峰、天都峰、莲花峰。莲花峰海拔约1864米，是黄山最高峰。它像一朵初绽的莲花，挺立在黄山各峰之上。天都峰是黄山中最险的山峰，四壁直立，要登天都峰必须走过一条只有1米来宽、被称作鲤鱼背的山脊。山脊两侧是千尺渊谷，深不见底，叫人看了胆战心惊。现在这里已经装上扶栏铁索，人们可以放心地攀登天都峰了。

黄山的怪石极多，几乎每个山峰、每条山脊都有。当地居民给它们起了很多美丽的名字——

比如，站在半山寺前仰望天都峰，会看到有一巨石，样子很像一只振翅的金鸡。金鸡正对着前面的天门坎，所以叫“金鸡叫天门”。

观音峰旁有两块立石，一块像头戴风帽、衣巾飘曳的观音，一块像躬身下拜的小童，叫

“童子拜观音”。

在迎客松与“一线天”之间的登山步道左侧，有三块尖石相拥而立，石间长出的青松形态各异，常在云海中时隐时现，故取名“蓬莱三岛”。

北海景区的散花坞前有一尖峰，看去好似一根石柱，顶尖如削，一株松树在石柱顶端生出，像一支画笔，所以叫“梦笔生花”。

狮子峰北有一块斜立的圆石，像一只调皮的猴子，正在远眺茫茫云海，叫作“猴子观海”，或“猴子望太平”。

…………

我们不必用更多笔墨罗列黄山上的怪石名目了。奇峰怪石与苍松、云海、温泉并称“黄山四绝”，难怪我国大旅行家徐霞客说：“五岳归来不看山，黄山归来不看岳。”黄山风光确实叫人称绝。

其实，类似这样的奇峰怪石，在我国其他花岗岩山地也是很多的，只是不如黄山这样集中、这样有名罢了。

花岗岩山地为什么如此陡峻，为什么有这么多的奇岩怪石呢？这是由花岗岩本身的性质决定的。

花岗岩是一种岩浆岩，是地下岩浆进入地壳裂缝后逐渐冷却凝结而成的。一般来说，花岗岩形成的环境至少要在地表以下几千米的深处。凝结时，各种矿物缓缓结晶，所以花岗岩中的石英、长石、云母等矿物，晶体颗粒都比较大。

由于地壳抬升，花岗岩跑到地面上来，覆盖在它上面的其他岩石被侵蚀后，花岗岩构成的山体就展现在人们面前了。

花岗岩质地坚硬，容易形成突兀的山峰。但是在漫长的地质历史中，温度的变化、风雨的侵蚀也会使它风化。花岗岩内部各种矿物的颗粒在受热或受冷时，如果膨胀或收缩不均，时间一长，就容易碎裂继而风化成细粒。

花岗岩山地的岩体多裂隙，受外力作用时会沿一定方向裂开，多是垂直或水平方向。这样相互垂直的交错裂隙，使岩体被分割成一块一块的。这些裂隙就成了岩体的薄弱部分，最容易被风化。温度的变化和风雨流水的侵蚀，使得沿着裂隙及岩石表面进行的风化作用最强烈。风化作用把裂隙开得越来越大。这样，纵向的裂隙使山体形成峭拔的陡壁，而纵横交错的裂隙就使得岩体被风化分裂成一块块形状奇特的巨石。

碧水赤峰话丹霞

如果你来到广东省北部的韶关市，一定要去看看位于仁化县的这样一片迷人的自然景象：

一座火红色的山峦在阳光照射下，有如耀眼的云霞。再走近一看，山崖上坚硬的砂质岩石上分布着一道道红色条纹，条纹有深有浅，互相交织，组成一团锦绣。山下清流如带，悠悠远去。陡立奇异的山峰、巨石，构成一道红色的峰林奇景。这就是有名的丹霞山。地理学上给这种以陡崖坡为特征的红层地貌起了一个统一的名字：丹霞地貌。

我国广东、江西、湖南、福建、四川等省都有丹霞地貌分布，其中最有名、风景最美的要数位于福建省与江西省交界处的武夷山。

武夷山有三十六峰，九十九岩，峰峰不同，岩岩互异。有的孤峰如柱，有的壁立如屏，有的尖削如笋，有的状如雄鹰、巨狮、大象、玉女、莲花，有说不完的奇峰美景。

武夷山的山峦除了峰顶、山脚或者岩石裂隙间覆盖着一些泥沙土壤，长着一株株、一排排苍松翠竹，其余山崖几乎都是裸露着的。山岩的天然色彩真是丰富极了。或者紫红，或者浅绛，或者苍黑，或者青绿，或者灰白，或者青赤斑驳，就是最有名的画家也未必能调出这些丰富的色彩来。

如果只有这些美丽的山景，而没有碧澄澄

的清溪相辉映，倒也不算奇绝。流经武夷山间的九曲溪恰恰为武夷山添上了一条锦带。

“曲曲山回转，峰峰水抱流。”九曲溪自下而上有九道河弯，山环水抱，百峰临溪，岚影峰光，尽收在碧波之中，每一曲就是一幅美丽的图画。

九曲溪不宽，水量也小，不能通大船，竹排却可以在溪中自由往来。来武夷山游览的人们不必登山，只要坐在一只小小的竹排上面，就可以不费力气地观赏到武夷风光。

地质学家告诉我们，组成丹霞地貌山体的岩石是一种古老的砂岩或者砾岩，形成的时间距离现在最早有1亿多年。当气候又干又热时，陆地上的沉积物经过强烈氧化，所含铁质生成大量的红色氧化铁，因而形成赤红的岩层。

在这些岩石形成以后，又受到地壳构造力

的作用，使岩层产生倾斜、褶皱或抬升，形成了如今的山体。同时，山体间的许多裂隙，为日后风化侵蚀创造了条件。

千百年来，风雨冰霜和滚滚流水不断地侵蚀着这些山岩，渐渐地形成了峭立挺秀的峰峦和各种嶙峋怪异的石景。

砂页岩中还常常含有大量的碳酸钙沉淀，容易被雨水溶蚀。比如，武夷山九曲溪的第六曲附近，临溪兀立着一面笔直的石壁，几十道被流水溶蚀的沟槽，布满整个石壁，就像一排巨大的手指，所以被称作仙掌岩。

如果你有机会到武夷山或者我国其他丹霞地貌风景区去旅行的话，别忘了在饱览迷人的景色以后，认真地观察一下这里的地貌，探索那隐藏在美丽风光背后的科学奥秘。

从一个简单的实验讲起

石灰岩是一种很普通的岩石，马路的路基，多是石灰岩的碎块，盖房用的石灰，也是用石灰岩烧制的。

普通归普通，石灰岩也有它自己的“个性”。我们不妨做一个小实验：在一块石灰岩上滴几滴盐酸（没有盐酸用浓醋也可以），我们可以看到，滴上盐酸的地方会咕嘟嘟地冒起泡来，像开了锅一样。

这是怎么回事呢？

原来，石灰岩的主要成分是碳酸钙，盐酸滴上去之后，就会发生化学反应，使碳酸钙变成氯化钙（如果滴的是醋，就是醋酸钙），并放出大量的二氧化碳气体，所以看起来就像盐酸在石灰岩上“沸腾”了。

空气中含二氧化碳，当二氧化碳溶解在水中，就形成了碳酸。碳酸和石灰岩同样会产生一系列化学反应。反应的结果是生成可以在水中溶解、被流水带走的碳酸氢钙。于是，坚硬的石灰岩在水和二氧化碳的联合进攻下就会被溶蚀。

含有二氧化碳的水溶蚀石灰岩的速度有多快呢？

有人在广西桂林地区进行过调查，结果是每年大约为 0.3 毫米。就是说每年石灰岩山石要被溶蚀掉大约手指甲那么厚的一层。

“每年只溶蚀这么一点点，对那些石灰岩大山能起多大作用呀？！”你也许会这么想。

这你可想错啦！

大自然就是靠着这么一点点的溶蚀力量，不但“雕塑”了云南石林那样几十米高的石灰岩石峰、石柱，还“修建”了桂林到阳朔一带那一座座几百米高的石灰岩峰林。有名的北京周口店猿人洞，桂林的七星岩、芦笛岩，江苏宜兴的善卷洞、张公洞、灵谷洞等石灰岩溶洞，也主要是靠溶蚀作用形成的。

在我国广西、贵州、云南的石灰岩地区，到处都可以见到这种溶蚀作用的痕迹。那些形态奇特的溶蚀谷地、小小的溶蚀盆地、深不可测的落水洞，以及许多奔流在地下的暗河等，没有一样不是这种溶蚀作用造成的。

从前，在地理教科书里把这种溶蚀作用造

成的地貌叫作喀斯特地貌。这是因为，在欧洲的亚得里亚海北部有一个叫“喀斯特”的高原，那里有很大一片石灰岩山地，形成不少典型的溶蚀地貌。科学家们在这里做过详细的调查，并且把这类石灰岩地貌通称为喀斯特地貌。

后来，中国的学者提出用“岩溶”代替“喀斯特”作为这一地貌的中文叫法，表示岩石被溶蚀的意思，这比起叫“喀斯特”来要明白精确得多。

你可能会问：这样缓慢的溶蚀速度怎么能把石灰岩溶蚀成石林、孤峰和溶洞这样的岩溶地貌呢？

当然，要溶蚀成这些岩溶地貌确实都要花费很长很长的时间。这点，我们不必担心。地质历史本来就是非常漫长的。拿地球的1“岁”——100万年来说，就足够了。这个算术题很简单：用每年0.3毫米乘100万，得出的数就是300米。要知道，云南的路南石林，一般高度只有几十米，桂林的峰林只有一两百米，而一般溶洞的高度也只有几十米，当然都不在话下了。

是不是凡有石灰岩的地方就能形成岩溶地貌呢？也不是。岩溶地貌的形成，一方面要有大面积、大厚度、质地纯净的石灰岩地层，另一方面还要有湿热的气候条件。在这种条件下，地表水和地下水丰富，植物的枯枝落叶腐解迅速，土壤和水中的二氧化碳含量高，这都有利于溶蚀作用的进行。所以，气候越潮湿、越热，石灰岩被溶蚀的速度也越快，岩溶地貌也就越能发育到十分完善的程度。

了解到这一点，你们就会明白为什么岩溶地貌在我国南方特别多，而北方比较少见了。

不断变动的海岸线

地球表面那些陆地和海洋之间的海岸线，其实每天都在变化。住在海边的人都看到过，涨潮的时候，海水泛起白沫，呼啸着向海滩涌来，淹没大片大片的沙滩；退潮的时候，海水又悄然无声地退回到海滩以外很远的大海里。但是，这种因潮水涨落引起的变化毕竟太小了，当我们纵观整个地质历史时期，全球范围内的海岸线变迁就大得多了。

据科学家研究，最近两三百万年以来，海

岸线起码发生过三次全球性的大变动。有时，海水渐渐退去，原来在海面以下的大片土地变为陆地；有时，海水又渐渐涨上来，使沿海大片土地沦为沧海。海水就是这样时进、时退，几乎永不休止。

海岸线变动的幅度有多大呢？

就拿距我们最近一次的大海退来说吧。海水在距今大约7万年前开始下落，一直到离现在两三万年前，海面才退到最低点，持续时间达四五万年之久。当时的海平面大约要比现在的低100多米！那时地球表面的海陆分布是什么局面呢？

就拿我国沿海地区来说，目前，渤海的平均水深只有18米，中国大陆和台湾岛之间的台湾海峡、广东省雷州半岛与海南岛之间的琼州海峡，平均水深都不足100米。因此，当海平面下降100多米的时候，台湾岛和海南岛与我国大陆就连成了一块完整的大陆。同样，渤海就会消失，中国东部的黄海海底也会大部分露出水面，朝鲜半岛的西侧和中国大陆之间没有了海水阻隔，也都连接起来。

世界海陆分布形势当然也会发生惊人变化：白令海峡的消失，将导致亚洲和北美洲相连；马六甲海峡和巽他海峡的消失，使现在分散在海洋中的巽他群岛连成一片陆地。世界其他地方，凡是海水水深小于100米的海区都变成了陆地。

科学家做出这样大胆的判断有没有科学根据呢？

有的。下面我们举出几个有趣的例证来说明这个问题。

20世纪70年代，我国一艘轮船在渤海海

面作业时，曾在渤海大陆架的中部打捞起一块没有被水冲磨过的披毛犀化石。披毛犀是一种早已灭绝的动物，因满身披挂着棕褐色的粗毛而得名，在气候寒冷的第四纪早期，它们多生活在欧亚大陆北部的草原上。披毛犀的存在，说明在那个地质历史时期，渤海确实曾经是陆地。

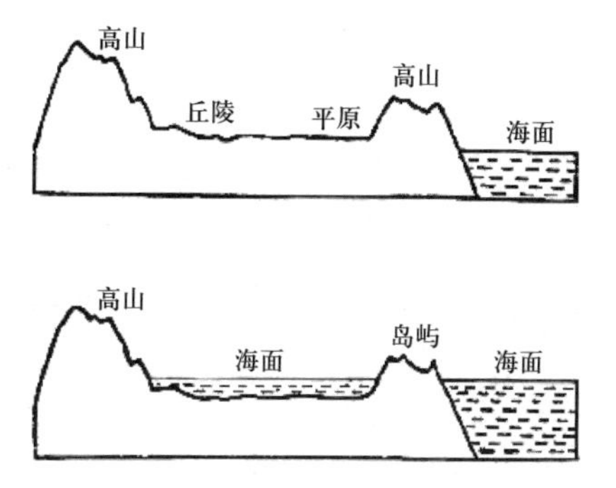

海面上升后（下图），原来的丘陵、平原没入海底，有些高山成为岛屿

20 世纪 60 年代，一艘日本渔船在日本和朝鲜半岛间的对马海峡打鱼，当把拖网从海里

拖上渔轮之后，人们发现，在一群活蹦乱跳的海鱼中间，有一段长约1米的象牙，称一称，足有18千克。渔民们把这段象牙送给科学家。科学家经过鉴定，认为这是生活在大约32000年到16000年前的一种古象的牙齿。可以推测，那时这片海域也是一片辽阔的草原，长相稀奇古怪的古犀和古象就是这片草原的主人。

科学家能够列举的证据还有很多。

比如，一些现在被海水隔开、远离大陆的岛屿，岛上的野生动物与大陆上的十分相似。据科学家们调查，我国海南岛上的22种野生哺乳动物中有16种和大陆上的完全相同。另外6种，在大陆上也能找到相近的种类。

巽他群岛中的三大岛：苏门答腊岛、爪哇岛和加里曼丹岛，虽然被海水隔开，但岛上的哺乳动物种类却完全相同，就连河里的鱼以及两栖类和爬行类动物也没有什么差别。

要知道，那些只能生活在淡水中的鱼，是绝对没有办法越过宽阔的充满咸水的海洋，游到另一个岛屿上去的。所有事实都证明，在不太远的过去，这些现在被海水隔开的海岛曾经是彼此相连的。

那么如何解释海面的这种大幅度升降呢？归纳起来，大致有三点。

第一，气候的变迁和冰川的进退，这是造成海面升降的最主要的原因。在最近两三百万年间，地球上曾经发生过几次大冰期。冰期来临，气候变冷，地球上的水不断地变成雪降落在陆地上，最后堆积成很大的冰川，而不能流到海洋里去。降水的来源主要是海水蒸发，但大海里的水只有蒸发损失而没有补充，当然就越来越少。这样，海平面就慢慢地降低了。科学家们认为，地球上最近发生的三次大海退就是这种原因造成的。而一旦冰川消融，陆地上大量的水流回海洋，海面就会再度上升。

第二，地壳的升降运动。地质历史上一些海陆变迁，常常是由于地壳升降造成的。由于地壳构造力的作用，可以使原来的深海隆起成高山，也可以使高山沦为深海。

第三，河流的泥沙淤积。在一些大河的入海口，常常因为河流带来大量泥沙，淤积成宽阔的三角洲。有的河流泥沙很多，三角洲向大海扩张的速度便十分可观。我国的黄河三角洲每年就要向渤海前进约 2000 米。

后两种原因，严格地说还不能算作海平面本身的变化，只是陆地变高或者变低产生的海陆变迁。

大自然的旋律

人们都知道，优美动听的乐曲与和谐的旋律不仅能给人以美的享受，而且会引起人情感上的共鸣，让人浮想联翩，给人以鼓舞和力量。一曲好的音乐离不开好的旋律。

可你知道吗？大自然的变化也有旋律呢！一年之中，寒来暑往，冬去春来，抽芽结果，花开花落，都有严格的秩序、特定的规律。这不也像是一首节奏感十足的乐曲吗？

就拿北京来说吧。

和煦的春风驱散了严冬的寒意，气温一天天回升，大地解冻，树木、花草在春风的吹拂下苏醒过来。

最先感受到春天信息的要算河边的垂柳了。你们看，它那婀娜多姿的枝条已经透出鹅黄色。路边的小草，怯生生地在枯叶间露出鲜绿色的嫩芽；南来的雁群，在万里云天排着整齐的行列飞向北方。

这就是北京春天的开始。北京一般在 4 月初开始入春，前后变化不会超过半个月。

春天是百花盛开的季节。万树千花的迷人景色真叫人应接不暇。最先开花的是绯红的桃花，这种花最绚烂，远远望去有如红霞。

接着是黄色的连翘花，或白或紫的玉兰花，雪白的梨花，浓粉色的榆叶梅花，淡紫色的丁香花，粉红色的海棠花，像一串串葡萄似的挂在架上的紫藤花，以及被称作花王的雍容华贵的牡丹花，千花百卉，一个接着一个，在短短不到两个月的春天里，争芳斗艳，次第开放。

如果你稍加留意，就会发现最常见的杨柳也在这个时候开花，叶子还没有长出来，毛茸茸的花穗就在枝头上迎风摇曳了。当它们的果实开始成熟，雪花般的柳絮飞满天空的时候，那就说明，北京的春天就要过去了。

从 5 月下旬到 9 月上旬是北京的夏天。平均气温在 22℃以上，雨水也多了起来。北京的夏天农事繁忙。农民整日在田间劳动，看着小麦从抽穗、灌浆到变成一片金黄色的麦浪。那时节，收割机在田野上奔驰，脱谷机在麦场上轰鸣，到处一片丰收景象。

秋天是北京一年中气候最为宜人的季节。气温下降，秋庄稼成熟，苹果笑红了脸，梨树压弯了腰。当香山上的色木槭和黄栌树的树叶变成秋色，染红了远近山峦的时候，北京就进入了寒冷的冬天。

也许你会问：是哪个细心人把北京这么多花、草、庄稼、动物等各种自然变化一样一样地记录下来的呢？

这就是物候学家的研究内容。中国科学院原副院长、已故的竺可桢先生就曾辛勤地从事过这方面的观测工作。他从1918年回到祖国开始，到1974年逝世的前一天，天天写物候日记，五十三年如一日，从未间断过。竺可桢先生这种坚持不懈的求是精神和严谨的科学态度多么值得我们学习呀！

物候学又叫生物气候学，是利用某些植物的生长荣枯和动物的来往生育等多种自然现象来了解气候变化的科学。

物候学与农业生产有密切的关系。农民早就知道利用各种物候现象安排农事活动。

如果你有兴趣，不妨做一次全年的物候观测，把你们家乡的花、草、树木、各种动物等自然变化的日期详细认真地记录下来。观测项目有：某些树木花草开始抽芽的日期、开始展叶的日期、开始开花的日期、果实成熟的日期、叶子全部变黄和掉光的日期，家燕飞来飞走的日期，秋初霜和春终霜的日期，水面结冰和解冻的日期，某些农作物的播种、出苗、开花、吐穗、成熟的日期等。

如果你观测了一年，还可以用你记录的物候观测结果与北京的物候期进行比较，看看是推迟了还是提早了。因为，不同地区的物候期是不同的，同一个地区每年的物候状况也不完全一样。如果能多年坚持物候记录，就可以比较每年的物候差异，推知气候的冷暖变化。比如，去年4月2日山桃开花，而今年3月24日就开花了，证明今年春天比去年来得要早，同期气温比去年要高。

植物“侦察员”

有经验的打井人可以根据柳树的生长情况，判断一个地方有没有地下水。

也许你会问，柳树不是到处都可以生长吗？潮湿的地方能长，比较干燥的地方也能长，它怎么就能指示地下水的情况呢？

找水专家们通过细心观察，发现即使是同一种柳树，长在水源充足的地方和水源不足的地方，也会有许多细微的差别。

根据他们的经验，在我国河南、安徽、江

苏交界地带，柳树一般在 2 月下旬到 3 月初萌动发芽。可是，如果地面以下 10 米以内有丰富的地下水，情况就不同了。由于地下水丰富，地下温度偏高，地面解冻早，所以柳树发芽要比一般地方早十天半个月。到了秋天，在地下水丰富的地方，柳树落叶时间还会向后推迟一段时间。

柳树还有一个重要特点，对找水专家特别有用。如果生长柳树的地方有丰富的地下水，每当初夏的早晨或者比较干旱季节的拂晓，柳树叶子的尖端或边缘，常常有一滴滴水珠淌下来，像出汗似的。

这些小水珠是露水吗？不是的。因为，如果是露水，整个叶面上都应该布满水珠，而这些水珠只出现在叶尖或叶缘上。

如果你有一台显微镜，可以把柳树叶子采

下来，放在显微镜下做一次仔细的观察。原来，这些叶子的边缘有许多小孔，留在叶缘上的水珠就是从这些小孔里慢慢渗出来的。植物学上把这种现象叫作“吐水”。地下水越丰富，柳树吐水就越多。

于是，找水专家利用这种找水方法，打出一眼又一眼出水量很大的饮水井。

像柳树这样能够指示当地自然环境某些特征的植物，叫作指示植物。找水只是植物指示作用的一个方面，这些植物的指示作用是多方面的。

有些植物可以帮助人们预测大气污染状况。一旦空气中有毒气体含量超过某个界限，这些植物就会出现异常现象：或者叶子出现锈斑，或者发生枯萎甚至死亡。

植物监测大气污染的灵敏度可高啦。有时

连最精密的科学仪器也无法与之相比。

比方说，一种名为紫花苜蓿的优良牧草对空气中的二氧化硫最为敏感,人类可比不上它。当空气中的二氧化硫浓度超过百万分之一的时候，人们才能闻到难闻的气味；可是紫花苜蓿在二氧化硫含量达到百万分之零点三的时候就会出现异常。

还有一种观赏植物唐菖蒲，它能对十亿分之一的氟化氢有反应。这种灵敏度一般监测仪器都无法达到。

科学家利用植物的这种特性监测环境污染，给人类站岗放哨，收到了很好的效果。沈阳有座化工厂，厂里的气体管道纵横交错，接头多得数不清。有时因为管道或者接头出了毛病，有毒气体悄悄地跑出来了，人们还不知道，严重地损害了职工的健康。

后来，在科学家的建议下，人们在工厂里和工厂四周种了许许多多树木花草，而且都是那些对有毒气体十分敏感的植物。这样，既美化了环境，又多了许多义务环境监测员。哪里有了跑气现象，哪里的植物立刻就有了反应，人们根据这些植物的反应情况，就可以很快找出跑气的地方。

指示植物还能帮助地质学家寻找有用的矿藏。因为矿藏里的一些化学元素溶解在地下水里，就变成了特殊的矿物肥料。植物吸收了这种化学元素，就会出现奇特的形状和颜色。比如安徽铜官山的很多地方，长着一种有蓝灰色叶子、开着紫花的草，这种草长得特别茂密的地方，地下往往有铜矿。于是，人们就把这种草叫作铜草。这种铜草就是寻找铜矿的指示植物。

土壤中富含某些元素或缺少某些元素，都会使某些植物出现异常现象。气候的冷暖、干湿变化，也会使某些对水热条件敏感的植物发生变异。所以，科学家们可以利用有关的指示植物来鉴定土壤的肥力、推测当地的气候……在科学技术高度发达的今天，植物已经成了人们了解环境的得力助手。

在土壤世界里

一位美国科学家做过一个有趣的调查：他从一片阔叶林下0.1平方米的土地上，取回2.5厘米厚的薄土层，在实验室里细心寻找藏在土壤中的生物。他发现，肉眼可以分辨出来的各种甲虫、蠕虫等就有1000多只。至于用显微镜才能找到的小型动物、微生物，比如甲螨、细菌、真菌等，数量就更多得惊人了。

科学家们估算，一汤匙那么大的一块土壤，就可能含有几亿到几百亿个微生物，包括细菌、真菌、放线菌、原生动物和藻类等。这么小的一块土壤竟藏有那么多的生物，你们听了一定感到非常吃惊吧？

世界上有各种各样的土壤。不同气候条件下不同的植物周围就有不同的土壤。科学家们根据土壤的特性把土壤分成若干类型。比如，温带草原地区的黑钙土，温带阔叶林地区的棕壤，寒温带针叶林地区的灰化土，热带森林地区的红壤和砖红壤等。不论哪一类土壤，都包含着大量生物。

生物是土壤的“创造者”，可以说，没有生物就没有土壤。那么土壤是怎样形成的呢？土壤里的生物和土壤又有什么关系呢？

坚硬的岩石在千百年风吹雨淋的作用下，慢慢地粉碎了，变成了碎石、砂粒和细土。但是，它们都没有资格称为土壤，只能被称为成土母质。科学家眼里的土壤还需要具备下面的特性：含有一定数量的有机质、有一定的肥力。

成土母质虽然还算不上土壤，却为土壤的形成提供了物质基础和有利条件。它比较疏松，能含蓄水分和空气，一些简单的微生物可以在这种十分贫瘠的环境中生存下来，渐渐地改变着成土母质的营养状况。

接着，地衣、苔藓等低等植物开始在这种土质中生长繁殖，并且它们的残体逐渐在成土母质中堆积，使其渐渐有了一定的肥力，为更高等绿色植物的生长创造了条件。

绿色植物强大的根系伸进更深的土层，并且把大量的枯枝落叶甚至自身的残骸不断地投进土壤的怀抱，成为土壤的组成部分。土壤中的有机质增加了，微生物又会跑来帮忙，把这些有机质进一步分解成更简单的、可以直接为高等植物所吸收的有机物——腐殖质。

这就是土壤形成的简单过程。

在土壤肥力不断增加的过程中，各种真菌、细菌等微生物及动植物都起了作用，但是有两种生物特别值得一提。第一是真菌，第二是蚯蚓。它们是为土壤增加肥力的“功臣”。

如果问真菌是什么样子的，你们可能会摇头说不知道。可是，如果要问蘑菇是什么样子的，你们大概都会知道。

蘑菇不是植物，而是一种真菌。它那雨伞状的顶盖下面，长着许多薄薄的细片，叫菌褶。菌褶里藏着许多极小的孢子。孢子成熟后会弹射出来，被风吹到各地，就又在土壤中长成新的真菌。挖开土层，我们常常可以看到里面有一条条白色的线状物，这就是真菌的菌丝。土壤中菌丝的数量很大，例如，科研人员曾在美国密歇根州的森林里发现，蜜环菌的单株菌丝体蔓延的范围竟然达到了 15 公顷，面积相当于 21 个标准足球场。

蘑菇是体形特别大的真菌，更多的真菌用肉眼是看不见的。真菌是把土壤中的枯枝败叶分解成腐殖质的主力军。它的作用就像一台机器,不断地把大分子物质分解成小分子有机物，然后再分泌出一种物质，将这些小分子有机物进一步软化和分解，成为富含多种微量元素、能够提高土壤肥力的腐殖质。

蚯蚓的作用也很大，它是大自然的“翻土机”。英国生物学家达尔文曾经详细地研究过蚯蚓对土壤的影响。他认为，某些土壤之所以那么松软、那么肥沃，小小的蚯蚓是立下了汗马功劳的。

在一些健康的土壤表层，往往生活着很多

蚯蚓。据科学家估算，每平方米土壤中的蚯蚓数量可达 500 条。它们不停地在土壤中钻行，不停地吞食土壤，又不停地把新的更肥沃的土壤排泄出来，真像一台高效的“翻土机”。

当然，不同土壤中的生物种类和数量是不同的。土壤肥力的高低也不是某一种生物单独作用的结果，而是土壤中多种生物相互配合、共同努力产生的。

一个简单的生态系统

小明养了十几条金鱼，有金黄色的、红色的，也有黑色的。它们在鱼缸里摇头摆尾地游来游去，非常招人喜爱。小明还把从海边带回来的贝壳和从小河边拾回来的漂亮石子放进鱼缸里。过了不久，石子和贝壳上就长满了翠绿色的水藻。

小明会去小河沟捞鱼虫，放到鱼缸里让金鱼吃，还会经常倒掉鱼缸里渐渐浑浊的脏水，换上清洁的水。

一天，一位生物学家到小明家做客。他指着鱼缸对小明说：“你知道吗？这就是一个最简单的生态系统。”

“什么叫生态系统呀？”小明被这个生疏的名词弄糊涂了。

看着小明那副求知若渴的样子，生物学家拿出钢笔，在纸上画了一幅图。

他指着这幅简单的示意图说道：“水藻、鱼虫、金鱼是生活在鱼缸里的三种主要生物。水藻利用太阳光把二氧化碳和水化合成有机物，储备其生长所需的能量。

“水藻是鱼虫的食物，它通过光合作用释放出的氧气可以供给鱼虫和金鱼呼吸。

“金鱼靠吃鱼虫生活，同时和鱼虫一样，吸进氧气，呼出二氧化碳。二氧化碳又成了水藻生产有机物所需要的物质。

“可见，水藻、鱼虫和金鱼三种生物之间的关系非常密切。同时，它们十分依赖周围的环境。太阳光和水不但给三种生物提供了适于生活的空间，还给它们供应着生活中不可缺少的物质原料和能源。

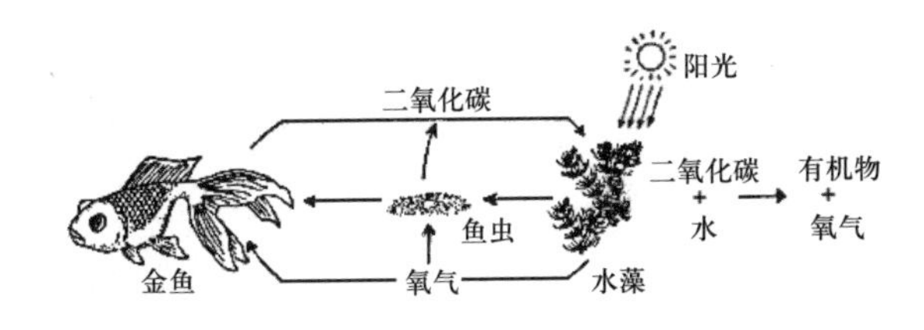

金鱼缸里的生态系统

“各种生物和它们所处的自然环境之间这种相互影响、相互制约的系统，就叫生态系统。在这小小的金鱼缸里，就有一个虽然非常简单，却又十分完整的生态系统。”

看着这幅简单的示意图，又听了生物学家的解释，小明终于明白了，生态系统原来是这个意思。

其实，地球上的生态系统要比金鱼缸里的复杂得多。比如，森林生态系统，不管是热带雨林，亚热带的常绿林，还是中温带的针阔叶混交林，这种规模的生态系统中总有几百种以上的生物，即使这片森林的面积只有几千平方千米。

此外，还有草原生态系统、湖泊生态系统、沼泽生态系统等，每类生态系统都有不同的生物群落，生物和环境之间的关系也不完全相同。这里，我们不准备详细地介绍各生态系统的情况。要深入了解它们，要看许多专门书籍才行。

生态学家对各种生态系统进行研究，得出结论：任何一个生态系统都是由生物群落及其生存环境共同组成的动态平衡系统。可以把一定范围或区域内的生物群落归纳为生产者、消费者和分解者这三个组成部分。

生产者是指各种绿色植物，也包括部分能进行光合作用的微生物。它们都能利用阳光，将二氧化碳和水合成有机物，同时释放出氧气，如各种树木、青草，以及庄稼、蔬菜等。生产者是生态系统中最基础的成分。

消费者是指各种食草或食肉的生物。这些生物不能自己生产有机物，它们或者直接以绿色植物这样的生产者为食，或者靠捕食吃草动物为生，但归根结底还是离不开绿色植物。鱼缸里的金鱼和鱼虫都是消费者。

分解者是指各种具有腐解能力的细菌、真菌等微生物，也包括蚯蚓等腐生动物。它们靠分解死亡的生物体或粪便等复杂有机物质生活，同时，也正因为有了它们的分解活动，才使复杂的有机物质变成简单的无机物回归到环境中，成为供应绿色植物等自养生物生长所需要的营养物质。

在自然界中，人类也是生态系统中的一员。和其他动物一样，人类属于消费者。人类的食物种类最复杂，凡是可吃的微生物、绿色植物和各种动物都可以成为他们的食物，所以人类是生态系统中比较高级的消费者。

同时，为了给自己创造更好的生活条件，人类进行着各种生产活动，不断地改变着周围的环境。比如开垦荒地、砍伐森林、修筑道路、建设城市和村庄等。可以说，如今世界上到处都可以看到人类活动的足迹。

但是，不管人类怎样高级，同样一刻也离不开周围的环境，离不开各种植物和动物。所以，为了人类更美好的未来，我们都要担负起保护生态系统和生存环境的义务。